岭南特色工艺非遗传承经典
丛书编委会

本书编委会

岭南特色工艺非遗传承经典

端砚

莫裕雄　杨小云　主编

中国·广州

暨南大学出版社
JINAN UNIVERSITY PRESS

图书在版编目（CIP）数据

端砚/莫裕雄，杨小云主编．—广州：暨南大学出版社，2020.7
（岭南特色工艺非遗传承经典）
ISBN 978 - 7 - 5668 - 1878 - 2

Ⅰ.①端…　Ⅱ.①莫…②杨…　Ⅲ.①石砚—介绍—广东　Ⅳ.①TS951.28

中国版本图书馆 CIP 数据核字（2020）第 022385 号

端砚
DUANYAN
主　编：莫裕雄　杨小云

- -

出 版 人：张晋升
责任编辑：曾鑫华　刘碧坚
责任校对：张学颖　林玉翠
责任印制：汤慧君　周一丹

出版发行：暨南大学出版社（510630）
电　　话：总编室（8620）85221601
　　　　　营销部（8620）85225284　85228291　85228292（邮购）
传　　真：（8620）85221583（办公室）　85223774（营销部）
网　　址：http：//www.jnupress.com
排　　版：广州市天河星辰文化发展部照排中心
印　　刷：深圳市新联美术印刷有限公司
开　　本：787mm×960mm　1/16
印　　张：9.5
字　　数：146 千
版　　次：2020 年 7 月第 1 版
印　　次：2020 年 7 月第 1 次
定　　价：52.00 元

（暨大版图书如有印装质量问题，请与出版社总编室联系调换）

总　序

　　非物质文化是中华优秀传统文化的重要组成部分，其传承和发展对社会发展和民族复兴意义重大。国务院办公厅 2005 年颁布的《关于加强我国非物质文化遗产保护工作的意见》指出，"我国非物质文化遗产所蕴含的中华民族特有的精神价值、思维方式、想象力和文化意识，是维护我国文化身份和文化主权的基本依据"。党的十八大以来，国家高度重视中华优秀传统文化的传承发展。党的十九大报告进一步提出，"文化是一个国家、一个民族的灵魂。文化兴国运兴，文化强民族强。没有高度的文化自信，没有文化的繁荣兴盛，就没有中华民族伟大复兴"，"要坚持中国特色社会主义文化发展道路，激发全民族文化创新创造活力，建设社会主义文化强国"，"推动中华优秀传统文化创造性转化、创新性发展"。

　　广州的"三雕一彩一绣"、佛山的"石湾陶艺"、肇庆的"端砚"等传统民间工艺，是岭南非物质文化遗产的重要组成部分，是中华民族智慧与文明的瑰宝。传承发展岭南非物质文化遗产、培育新时代的技艺传承人和技能工匠，是广东职业院校的重要使命和责任担当。

　　广州市轻工技师学院坚持内涵引领、特色发展，积极推进"非遗进校园"，传承岭南传统技艺。自 2011 年起，学院筑巢引凤，建成"岭南特色工艺传承基地"（岭南大师街），引进 60 位国家级、省级、市级工艺美术大师，建立起广彩、广绣、玉雕、牙雕、木雕、榄雕、蛋雕、陶塑、剪纸、宫灯、掌画、铜印、端砚等 15 间大师工作室，将人才培养、职业培训、创新研究、打造特色有机融合，开展师带徒传承、传统技艺教学和展示活动，在全国技工教育中形成了独树一帜的大师工作室，"四位一体，双核驱动"的产学研销展传承培养体系；每年向社会展示和传播岭南技艺文化，受众达到 5 万人次以上，有力地推动了岭南特色工艺的教育传承、技艺传承和文化传承。

工艺美术大师们留传的技艺是宝贵的财富。几十年的积淀，铸造了大师们的匠心和匠魂。新时代需要匠心精神，我们希望通过本套丛书，将大师们的技艺留存下来，将大师的手艺真实还原，让更多的爱好者看到独具匠心的大师作品，并学懂、喜爱传统技艺。

经过工艺美术大师们口口相授和专业老师们归集整理，我们编写出版"岭南特色工艺非遗传承经典"丛书，包含《广彩瓷》《广绣》《端砚》《蛋雕》《榄雕》《玉雕》《指掌画》《铜印》《陶艺》九本书，并附有教学片供读者学习。希望有志于非物质文化传承的读者能喜爱本套丛书，携手推动岭南非物质文化遗产的传承和发展。

广州市轻工技师学院院长

2019 年 6 月

端

砚

前　言

　　在中国传统文化中，砚作为"文房四宝"之一，自它诞生起就成为文人案头的必备用具，甚至是堪可把玩的艺术品。端砚以其出墨温润、形制多样颇受欢迎，其丰富的雕刻题材和精致的工艺也获得了人们的青睐，自明代以来成为四大名砚之首。

　　如今人们的书写工具发生了翻天覆地的变化，对砚台的实用性需求越来越小，端砚石材也日益枯竭，但正是这些原因，端砚反而更加珍稀，仍具持续的魅力。2006 年端砚制作技艺被列入国家级非物质文化遗产名录，端砚在当代焕发出新的生命力。

　　广州市轻工技师学院为岭南地区非物质文化遗产的传承和发展努力了许多年。为更好地发挥传承角色的社会担当，近年来学院组织出版了一批岭南特色工艺的经典读物，本书就是其中之一。本书具有普适性，既可以作为职业学校的教材，也可以作为普及性读物。

　　本书是在广州市轻工技师学院的客座教授、端砚大师莫裕雄先生的全程指导下完成的。本书在编写过程中，还从许多途径参考了诸多前辈的成果，如吴鸿祥先生的《认识端砚》、中国端砚网、肇庆市博物馆官网、端砚协会、广东省博物馆官网等，其中许多资料由于客观原因已无法查证来源。若相关作者看到此书，请及时与我们联系，我们将依照规定处理。此外，也对这些给予我们启迪和借鉴的相关作者表示真诚的感谢。

编　者

2019 年 11 月

目　录

端

砚

1

端
砚
概
述

端砚产自古代的端州，即现在的广东省肇庆市，故称为"端砚"。

图 1-1　肇庆市七星岩牌坊

砚在古代作为书、画的主要文房用具，乃书房重器。端砚作为中国四大名砚之首，具有石质润滑、出墨细滑的特点，使得书写流畅、字迹耐久。时至今日，端砚与其他名砚一样，其角色已从实用功能逐渐转成欣赏与收藏功能，人们能从中领略、欣赏到艺术的美感，感受中华文化的博大精深。端砚中所蕴藏的工匠们的独具匠心作为岭南传统文化之精髓而被广泛认同。

端砚被视为四大名砚之首，经历了一个较为漫长的历史进程。

1.1　唐代端砚

　　端砚在唐代初期主要偏重于实用，还没有形成专门的艺术。唐代李肇的《唐国史补》云：

　　内邱瓷瓯，端州紫石砚，天下无贵贱通用之。

　　唐朝诗人李贺曾经赋诗描写端砚砚台的制作：

　　端州石工巧如神，（肇庆制砚工人勇敢、勤劳、智慧）
　　踏天磨刀割紫云。（登山开采像紫云一样润泽的端砚石）
　　佣刓抱水含满唇，（清水注满砚池就看见砚石上的青花）
　　暗洒苌弘冷血痕。（像古代忠臣苌弘的血痕暗洒在上面）
　　纱帷昼暖墨花春，（在纱帷的暖室用此砚磨出的墨就像春花）
　　轻沤漂沫松麝薰。（松香的墨细磨后散发的香味像用麝香薰过）
　　干腻薄重立脚匀，（墨汁干润浓淡而研磨处依然很平匀）
　　数寸光秋无日昏。（数寸端砚如秋阳之镜，白天黑夜不忍使用）
　　圆毫促点声静新，（用笔蘸墨书写时没有声音，使人心情愉快）
　　孔砚宽顽何足云。（孔子用过的砚较笨重跟端砚相比何足称道）

　　唐代早期的端砚多为箕形砚，形状像簸箕，砚足较高，砚池尾高而墨池低，落差大，储墨较多，凸显唐代端砚侧重实用性、功能性的特点。唐代端砚形制大度、张扬，像极盛世唐风，审美趣味独树一帜。
　　箕形砚成为唐代具有代表性的砚式。

图 1 - 2　端石箕形砚（广东省博物馆藏）

1.2　宋代端砚

　　宋代的端砚，发展出更为丰富的砚制砚形，在实用价值和欣赏价值方面都得到了重视。由于宋代文臣学士的地位优越，文人士大夫数量庞大，文人喜好鉴赏端砚、馈赠端砚、收藏以及研究端砚，所以，端砚的需求量不断增加，对端砚的生产和制作也提出了更高的要求。

　　宋代端砚的造型艺术颇受时风之影响，重视砚石品质及石品花纹，在讲究砚的形制的同时亦十分重视砚的雕刻工艺，线条与构图高度简练，细微之处又精巧用功。据《端溪砚谱》记载，宋代的端砚形制有 50 多种，主要砚形是抄手砚、太史砚等。出于把玩和便于携带的需要，唐代的箕形砚演变为长方形砚面、砚底挖空、砚侧成墙的抄手砚，意即方便手抄底而托起，便于拿放、携带，并逐渐成为最为经典的砚式之一。

　　从现存的宋代端砚中可见其极简的形制风格，抄手砚挺拔劲秀，长方砚、平板砚造型均是最简单的矩形样式。

图 1-3　端石抄手砚（广东省博物馆藏）

图 1-4　端石长方砚①（广东省博物馆藏）

1

端
砚
概
述

---

①　此砚为宋坑石。砚背铭文：一片端溪石，千秋此不磨，征凹客妙墨，余沈亦恩波，香渍
凝松麝，烟痕泻黛螺。四围涵晓露，半掬晕春涡。鸲眼双圆淄，龙宾再拜过。玉堂人旧赏，金鼎
冻曾呵。知自平生重，垂青哲匠摩，文章麟阁在，得力砚田多。古筑平阳黄春涛题并镌。

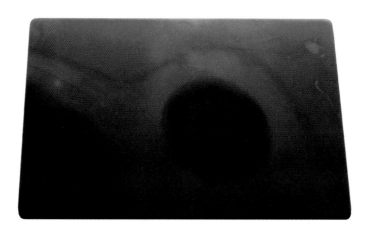

图 1-5　端石平板砚（广东省博物馆藏）

1.3　明清两代端砚

图 1-6　如意纹腰鼓形砚（广东省博物馆藏）

　　明清两代，端砚迎来了鼎盛时期，端砚制作行业空前繁荣，砚雕人才辈出，端砚工艺也达到了艺术的顶峰。明清端砚以石品丰富、形制多样、题材广泛、技法纯熟、雕工精致著称。

　　明清端砚的制作能做到因石构图、因材施艺、随形雕刻、追求气韵。自然界的各种形态几乎都可成为它的造型。造型和装饰纹样的内容大都寓意吉祥，表达人们期盼吉祥、多福多寿，追求美好生活的愿望。纹饰和题材内容一般有植物、动物、自然山水、器物、传说故事等，雕刻手法有深雕、浅雕，有浮雕、通雕，有阳刻、阴刻，有镂空雕、薄意雕等。

无论是唐宋端砚，还是明清端砚，都反映了匠人们对大自然的热爱、对社会的细致观察、对美好生活的追求。在端砚的制作中，匠人们呈现出的智慧和技艺使我们领略到了端砚艺术的千姿百态，感受到端砚艺术的魅力。

图 1-7　端石青鸾献寿砚①（广东省博物馆藏）

———————————

　①　坑仔岩石。鸾鸟口衔仙桃的图案，被称作"青鸾献寿"，为传统砚式。

图 1－8　端石叶包圭璧砚①（广东省博物馆藏）

————————

①　坑仔岩石。圭璧为古代瑞信之物，祭祀、朝会用玉器。此砚形源于圭璧，不但有博古韵味，更有"君子比德于玉"之意。

2

端砚的制作工具、材料与制作流程

2.1 端砚的制作工具

　　端砚常用的传统制作工具有：方口凿刀、圆口凿刀、尖凿刀、凿卡、木锤、铁锤。

图 2 - 1　端砚制作工具之一

图 2 - 2　端砚制作工具之二

图 2 - 3　端砚制作工具之三

2.1.1　凿刀

制作端砚用的凿刀分为：方口凿刀、圆口凿刀、尖凿刀。

凿刀是用来制作端砚的坯形、线条和图案，需要根据坯形、线条和图案的大小使用相对应的凿刀。

2.1.1.1　方口凿刀

图 2 - 4　方口凿刀

2

端
砚
的
制
作
工
具
、
材
料
与
制
作
流
程

图 2 - 5　用大方口凿刀凿出坯形

图 2 - 6　用小方口凿刀修坯

2.1.1.2　圆口凿刀

圆口凿刀主要用于修理砚台成型。圆口凿刀分很多种，需要根据砚的形状、深浅、图案大小、平面圆滑程度、平整程度等因素来选用不同大小的凿刀。

图 2 - 7　圆口凿刀

图 2 - 8　用大圆口凿刀凿出坯形

端
砚

图 2 - 9　中圆口凿刀

图 2 - 10　用中圆口凿刀凿出线条

2.1.1.3 尖凿刀

尖凿刀用于端砚的精细部位的雕刻。

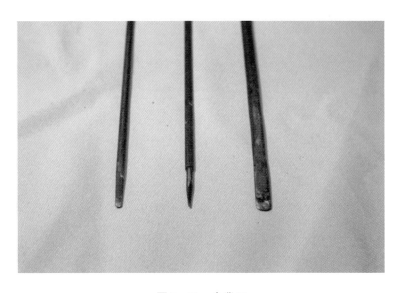

图 2 – 11　尖凿刀

图 2 – 12　用尖凿刀细刻花纹

2.1.2　木锤

木锤用于小块砚石及砚台局部加工。

图 2 – 13　木锤

2.1.3　铁锤、凿卡

铁锤用于大块石料开凿。凿卡用于固定凿刀。

图 2 – 14　铁锤　　　　　　图 2 – 15　凿卡（1）

图 2 – 16 　凿卡（2）

2.2 　端砚石材

　　制作端砚的石材叫端砚石，属于沉积岩。经历了约 4 亿年的演变，在多种地质条件的作用下，沉积岩中的沉积物、矿物质最终形成既具研墨功能又具观赏功能的砚石。因砚石大多数分布于肇庆市城郊的端溪一带，故"端溪"泛指端砚石材产区，而开采砚石的坑、洞和岩则被当地人统称为"坑口"。

2.2.1 　端砚砚石的分布

　　端砚石材的开采自唐代初期至今一直没有停止过，以清代道光年间开采最为繁盛，共有 70 余处砚坑，能够在地图上找到具体位置的砚坑口约有42 处。目前仍在开采的砚石有十几种。常见的端砚砚石主要分布于以下地段：

（1）端溪地段，斧柯山一带，主要砚坑有：老坑、朝天岩、宣德岩、冚罗蕉、绿端、坑仔岩、麻子坑、古塔岩。

（2）羚羊东地段，位于西江羚羊峡北岸一带，主要砚坑有：龙尾青、木棉坑、白线岩、有冻岩。

（3）北岭山地段，位于肇庆市七星岩背后自西向东30公里，统称为宋坑。此段聚集的主要砚坑包括：浦田青花、榄坑、盘古坑、陈坑、伍坑、东岗坑、前村坑、蕉园坑、绿端等。

（4）斧柯东地段，位于鼎湖区沙浦镇斧柯山以东一带，连绵约30公里，砚坑众多，砚石资源丰富，除典水梅花坑、绿端外，统称为斧柯东。

（5）七星岩地段，位于风景区七星岩一带，此处开采的砚石的颜色为白色，故称为白端。

图 2 - 17　端溪

2.2.2　端砚砚石的开采

在古代拥有一方好的端砚是身份的象征，非富则贵。官府更是把这种非再生资源牢牢地掌握在手里，对于砚石的开采进行统一的严格管理，要开采砚石必须先向政府申报，而且每年只允许开采一两百立方米。

由于大多数优质砚石不抗震，容易断裂，所以并不适合使用炸药爆破，大都使用人工开采。砚石的开采模式有两种：一种是成本较低的露天开采，一种是成本较高的坑道式开采。

坑道式开采以人工形式进行。古代开采砚石的坑洞非常窄小，人甚至无法在洞内站立，有的洞口只能容一人侧着身子进入；洞内没有通风设备，照明只能依赖油灯，运输依靠人工；有些坑洞还常年积水，洞越深水越深，采石工人经常是泡在水中工作。开采条件恶劣，危险性较高，这也是端砚石难得、名贵的原因之一。

现代的坑口开采条件好很多，有照明通风，还有轨道运输。

2.2.3　端砚砚石的坑口

根据端砚砚石分布的地理位置、开采年代、石质、石品及特点，形成下列常见砚石坑口，其中包括人们常说的三大名坑：老坑、坑仔岩、麻子坑。

2.2.3.1　七星岩

白端产自肇庆七星岩，呈白色或浅灰白色，花纹有红丝和乌丝两种，石质坚实细腻，有米脂粉糯感，不易发墨。白端石开采始于明代，19世纪60年代七星岩开发为旅游风景名胜区后禁止开采，所以白端石砚十分稀有。

图 2 - 18　七星岩白端石矿场遗址①

图 2 - 19　白端宝瓶砚②

---

①　现存于肇庆市端州区七星岩风景区内。

②　以文字谐音的手段进行题材寓意。"瓶"与"平"同音，寓意平安。"宝瓶"亦为佛家之宝物，是吉祥符号的常用造型。

2.2.3.2 斧柯东

斧柯东最早开采于明代，坑口位于肇庆市鼎湖区沙埔镇斧柯山东麓一带，石品花纹有冻、火捺、石眼、彩带等。

2.2.3.3 绿端

绿端是特指端州出产的绿石端砚，而非指"绿色的砚石"。《高要县志》记载了砚坑地点："绿端石出北岭及小湘江峡（即现在的三榕峡）、鼎湖山，皆旱坑。"绿端砚石最早在北岭山附近开采，后来转移至朝天岩开采，上层为绿端，下层为朝天岩。小湘镇大龙村、鼎湖区沙浦镇都有出产绿端，而广东的恩平石、吉林的松花石和甘肃的洮砚均为绿石而非绿端。

图 2-20　绿端平板砚

绿端颜色一般为青绿微带土黄色，没有明显的石品花纹。绿端石结构相对疏松，硬度低，吸水性强，石质比不上紫端的细腻、滋润。绿端石原料有五色，由内向外分别是绿、橘、红、紫、黄，色彩的丰富性使绿端石成为制作摆件的良材。绿端最佳者颜色翠绿，晶莹无瑕，油润纯浑。

现所见清代纪晓岚的绿端砚，其上镌有铭文："端溪绿石，砚谱不以为上品，此自宋代之论耳。若此砚者，岂新坑紫石所及耶？嘉庆戊午四月晓岚记。"砚侧镌诗云："端石之支，同宗异族，命曰绿琼，用媲紫玉。是岁长至前三日又铭。"

绿端采石始于北宋，也是一种较为名贵的端溪砚石。

2

端砚的制作工具、材料与制作流程

图 2 - 21 绿端抄手砚

图 2 - 22 绿端

2.2.3.4 梅花坑

梅花坑采石始于宋代,最早的坑口位于肇庆市鼎湖区沙浦镇典水村,故又名"典水梅花坑"。近代在北岭山九龙坑亦有开采。

梅花坑石的主要特点是石眼多,一方砚台里常有近百只眼,有梅花点为佳。梅花坑石颜色灰白稍微带青黄色,石质略粗糙,但下墨快。

图 2-23　梅花坑云蝠砚

2.2.3.5 宋坑

宋坑的命名与其他以地点命名的坑口不同,主要是指自宋代开始采石的、分布在北岭山一带、产石区域面积近百平方公里的坑口,主要包含盘古坑、陈坑、伍坑和蕉园坑四种坑口类型。由于面积广、坑口多,宋坑的石色非常丰富,代表性石色除了凝重而浑厚的深紫色之外,还有紫灰色、紫红偏黄和偏黄带绿。

宋坑石有两个明显特征：一是石声多为瓦声，二是石质细密，有石英矿物，表面有金星点，下墨快，发墨好。

图 2-24　宋坑荷花长方砚

2.2.3.6　白线岩

白线岩位于西江羚羊峡以西和以北的山岭上，采石岩洞分三层：第一层出产的石料因皮带翠绿色而常用作雕花砚材；第二层出产的"二格青"因石料质地较差而常用来制作低档的顺水湔池砚；第三层出产的青石有时会有火捺，可作砚材。优质白线岩砚石在石面上有若隐若现的白筋，与老坑的冰纹相似，但白线岩并不晕化，色黄偏浊。

图 2 - 25 鹰桃（有冻岩，石品花纹有蕉叶白、火捺，寓意大展宏图）

图 2 - 26 三羊开泰①（白线岩，石品花纹有天青、青花、鱼脑冻、火捺）

———————————

① 出自白线岩，石品花纹有天青、青花、鱼脑冻、火捺，以苏武牧羊的故事为主题。"羊"音同"阳"，"三只羊"又代表着古代吉祥如意的词汇"三阳开泰"，此词出自中国古代传统文化典籍《易经》，本义指"冬去春来"。

2.2.3.7 朝天岩

朝天岩位于宣德岩附近，在端溪之上、麻子坑之下，以其洞口朝天而名"朝天岩"，洞不深且洞内宽敞。

朝天岩砚石硬度高，质地较细腻，呈紫蓝色，几乎每块都有青苔斑点（玳瑁斑），从而形成朝天岩独有的特征，最容易识别。朝天岩没有石眼。

朝天岩始采于清代康熙年间。

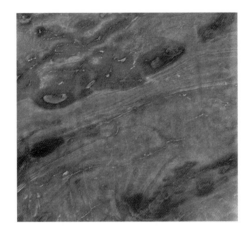

图 2 - 27　青苔斑

图 2 - 28　有玳瑁斑的朝天岩砚石

2.2.3.8 冚罗蕉（罗蕉岩）

冚罗蕉采石坑位于麻子坑下方，又名打木棉蕉，它的岩层位置与朝天岩、宣德岩属于同一石层。

冚罗蕉砚石有两个明显的特点：一是石质硬而细，石质硬所以下墨发墨都不算好，虽然细腻如玻璃面但是不够润；二是冚罗蕉砚石常见到平行纹理犹如芭蕉之叶脉，又称"杉木纹"。

冚罗蕉开采始于明代，20世纪80年代重新开采，现有洞口十多个，产量并不大。

图2-29 丝绸之路①（冚罗蕉，石品花纹有胭脂红、黄龙纹）

2

端砚的制作工具、材料与制作流程

---

① 产自冚罗蕉，创作者利用冚罗蕉常见的"杉木纹"巧妙地构思出大漠黄沙的场景中间以一条"黄龙纹"代表着丝路漫漫。

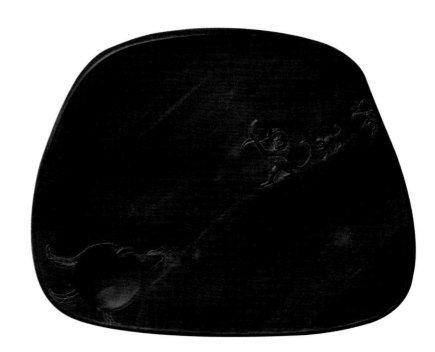

图 2-30　灵猴献寿①（冚罗蕉，石品花纹有宝蓝、竹席纹、黄龙纹、胭脂红、石榴仁）

2.2.3.9　宣德岩

宣德岩与宋坑一样皆因朝代、年代而得名，开坑采石于明代宣德年间。目前基本已停止开采。

宣德岩砚石色类猪肝，略带紫蓝、苍灰，石质细腻、幼嫩。品质优良的宣德岩砚石与麻子坑、坑仔岩砚石不相上下。但宣德岩砚石多断脉，比较难采到完整的砚石，质地好的也不多。

---

①　产自冚罗蕉，石品花纹有宝蓝、竹席纹、黄龙纹、胭脂红、石榴仁。"猴"谐音"侯"，在古代为官爵，寓意加官晋爵。

图 2-31　宣德岩门字砚

2.2.3.10　坑仔岩

坑仔岩与老坑、麻子坑号称端溪三大名坑。它位于老坑洞口东南端，两坑相距 200 多米，又名康子岩、岩仔坑。在旧洞口旁竖有一碑，碑上刻字"砚坑土地之神"，所以也有人称坑仔岩为"土地坑"。除此碑外，洞口附近岩壁上还有内容丰富、形式多样的碑记和诗文，记载了古往今来文人雅士到访的历史。

图 2 - 32　坑仔岩原洞口（咸丰年间塌方，后自然封闭）

　　坑仔岩砚石石质优良，纹理温和细腻，坚实又不失滋润。与老坑或麻子坑的砚石相比，其颜色与层次不那么鲜明丰富，以青紫稍带点赤为主，颜色均匀。其石品花纹较多，常见有蕉叶白、鱼脑冻、青花、火捺以及各种石眼。坑仔岩的石眼量多、圆浑、形状大、色泽明亮、晕数多，颇具特点。

　　坑仔岩与其他两大名坑相比，开采洞口最多、产量最大、成材率最高。坑仔岩的采石历史较为悠久，开采史也比较波折，宋代治平年间开始采石，晚清民国年间基本停采，1978 年年底又重新开坑，2007 年全线关闭。

　　如今站在这名震古今的采石坑上远眺，看西江波光潋滟，水环山绕，想起水润石而石成砚，石有尽而砚永恒，多少会生发怀史之兴叹。

图 2 – 33 坑仔岩新洞口景观（1）

图 2 – 34 坑仔岩新洞口景观（2）

站在坑仔岩新洞口前，可谓登高望远，端溪砚坑和羚羊峡尽收眼底。

图2-35　门字砚①〔坑仔岩，石品花纹有蕉叶白、玫瑰紫、翡翠、火捺、胭脂红〕

---

① 门字砚为古代常见的形制，造型古朴高雅，四角圆浑，砚堂宽，砚池深，最为实用。

图 2 - 36　祥云砚① (坑仔岩，石品花纹有天青、玫瑰紫、青花、马尾纹、火捺)

　　以上两方砚台皆有明显的玫瑰紫、火捺特征，石品丰富，做工考究
精细。

_____

① 　四周雕有祥云图案。

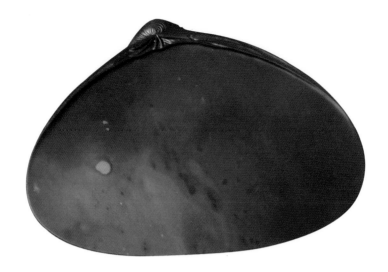

图 2 – 37　含珠①（坑仔岩，石品花纹有天青、浮云冻、石眼、翡翠、玫瑰紫、金钱火捺、胭脂红）

图 2 – 38　荷塘听雨砚②（坑仔岩，石品花纹有翡翠、天青、黄龙）

———————

①　坑仔岩，有丰富的石品花纹，贝壳的造型形似古代的钱币，寓意招财。
②　"荷"寓意清洁高雅的品质，文人最爱，创作者利用翡翠纹作雨滴，巧妙地构思了一幅雨中荷塘的景象。

2.2.3.11　麻子坑

以老坑为参照点，向北大约四公里处就是老坑坑口。去往坑口的路途山势陡峭，怪石嶙峋。相传麻子坑是由清代乾隆年间砚工陈麻子所发现，所以命名"麻子坑"。麻子坑砚石石质细腻、坚实，石色深，硬度高，但瑕疵也多，多是虫蛀，而虫蛀又成了麻子坑砚石的标志。

麻子坑的开采也如其他历史较为悠久的坑洞一样，自开始采石后就断断续续没停止过，导致石脉枯竭，现在已经完全停采了。

图 2-39　麻子坑洞口

2

端砚的制作工具、材料与制作流程

图 2 – 40　麻子坑天蝠云龙砚（广东省博物馆藏）

2.2.3.12　老坑

老坑坑洞位于斧柯山端溪流入西江东麓附近的山脚。诸坑中老坑的开采年代最早，从唐代开始，至今已经 1 300 多年，因历史最古老而被称为"老坑"，包括大西洞、水归洞。

老坑出产端砚中最为优质的砚石，石质特别纯净、滋润，因拥有各种最优秀的石品花纹而成为端砚的代表，助力端砚成功雄踞中国四大名砚之首。

大西洞与水归洞的砚石颜色多呈青灰色，大西洞砚石稍偏蓝，水归洞砚石则稍偏紫。其主要石品花纹有冰纹、金线、银线、青花、玫瑰紫青花、火捺、天青、蕉叶白、鱼脑冻、冰纹冻、天青冻以及名贵的石眼。

老坑砚石石质特别细润，因洞中常年积水，砚石在地下水的作用下，黏土矿物质逐渐变纯、变软，令石质坚实而又细腻，温、软、嫩，却又不滑，甚至能达到"呵气研墨"的程度。老坑砚石敲击时会发出"笃笃"的木质声，是因为砚石中泥质比重较大。另外，因为砚石中含有硅质，使其形成"久用锋芒不退"的特点。

图 2-41　已封闭的老坑洞口

2　端砚的制作工具、材料与制作流程

图 2-42　老坑石（1）（石品花纹有金线、玫瑰紫）

端

砚

图 2 – 43　老坑石（2）（石品花纹有翡翠眼、冰纹冻、金线）

图 2 – 44　老坑石（3）（石品花纹有蕉白、玫瑰紫、火捺、金线）

图2-45 老坑石（4）（石品花纹有翡翠眼、金线）

2.3 端砚砚石的结构

端砚石料由顶板、石肉和底板三部分组成。

石料中的顶板部分坚硬、粗、燥，这一层一般较少石品花纹，可能会有石眼出现其中。有些石质不错的顶板可以被雕刻成纹饰。

石料中的石肉部分是砚石的精华所在，石品花纹都会在这一层出现。其石质细润，适合制作磨墨的砚堂。

石料中的底板部分常见石质比较疏松、杂质多、性脆、颜色相对较浅，底板大多是用来衬托石肉的。

三部分各司其职，相得益彰。

2.4 端砚的基本制作程序

端砚的制作大致包括采石、维料、设计、雕刻、打磨、上蜡和配盒七大步骤。

2.4.1 采石

制作端砚的第一步是采石，这是非常重要的一个环节，原因在于石材的稀缺性以及砚石出处对端砚价值的决定性。

因为端砚石材不抗震，又是稀有的不可再生资源，优质砚石储量更加有限，所以采石以人工为主，目的在于最大限度地控制、保护砚石资源。采石工人既要熟悉砚石的生长规律，能推断石脉走向，才能以较低的时间成本、劳动力成本、安全成本找到石脉深层，又要能辨析石材与石材的接缝，才不至于损伤石材的完整性。由于开采难度大、对采石工人和采石技术要求高，自古以来就有"端石一斤，价值千金"的说法。

采石的重要性还体现在端砚的身价上，这与砚石的出处息息相关。有时为了寻找优质的石材，需要直接到坑、洞、崖等采石现场进行挑选，就是我们所说的石料初选。只有名坑口的优质砚石，再加上制砚高手的精湛技艺，才能获得一方精品端砚。

2.4.2 维料

制作端砚的第二步是维料，经过第一轮初选后进入筛选石料等级的流程。维料常用的方法有：①要仔细观察砚石外观的纹路、颜色；②用小锤子敲击砚石听声音，熟练的采石工或者端砚制作者可以从敲击声中发现肉眼难辨的、暗藏在石料内部的裂层瑕疵；③用水浸石材也可以辨别石材裂纹，因为有裂纹的地方干的时间更久，并且会留下一条水痕；④从脱落的表皮可以鉴别石料内藏的色彩以及纹理；⑤选料应该避开裂纹。使用各种手段来进一步辨别石材，都是为了选到最优秀的石料。

在制砚前通常还要进行二次维料，这时的维料就更具目的性了。可以根据题材和需要选取石材，让石材为作品服务；也可以根据石材的天然造型判断其可用性，把形状各异、大小不一的石材凿开，去掉石材表面的腐蚀层。维料是一个裁切初步成型的步骤，也是一个去粗存精的过程。

2.4.3　设计

经过维料，砚石自身的特点已经基本呈现，工匠们对石材也有了一定的了解，就可以进入第三步——设计。端砚除了具有天然的石质美之外，设计构思也是影响最终效果的关键因素之一。砚石在天然形成过程中或多或少都会有瑕疵，一块砚石经过工匠们的设计甚至可以将缺点变成优点，并通过艺术手法把优点发挥得淋漓尽致，增加其艺术价值，而这就是设计的目的。

端砚的设计要处理两对关系：石与图，材与艺。其原则是"因石构图，因材施艺"。根据石材本身的特点，充分利用天然石皮、石品、花纹和石眼进行构图设计，在不同的材质上结合文学、历史、绘画、书法和金石等元素，将其融汇一体，雕琢出合适的造型，呈现出该块石材的天然价值、实用价值与观赏价值，使各种功能相互辉映、相得益彰。

端砚设计可以分为两类：一是根据石材来设计图案，二是依照设计图案来寻找适合的石材。

设计的基本过程如下：①仔细观察切割好的石料；②用铅笔或粉笔在石料上画出图案；③毛笔蘸上防水墨汁重复勾画图案。

端

砚

图 2 - 46　端砚设计（1）

图 2 - 47　端砚设计（2）

2.4.4 雕刻

雕刻是端砚成坯、塑形的重要手段，是制砚至关重要的一步。精致的雕工从古至今都是工匠们追求的目标，也是一件优秀端砚作品必不可少的因素。

雕刻又分粗雕和精雕两大部分。

2.4.4.1 端砚雕刻程序

端砚雕刻程序主要有：维坯、修粗坯（粗雕）、精雕。

（1）维坯。

维坯就是将石料初步裁切打磨成型，并挖出砚堂的深度。此过程中需要先将石料相对的两面打磨平整，使之能平稳放置在台面上，并保留材料最大利用范围，以触感圆润、不割手为原则。

砚堂的形态分为两类：一类是几何形，常见圆形和方形，边沿规整一致；另一类是任意形，按设计构思确定形状，砚堂的形状结合主题表现。经过维坯后的砚堂能达到平滑细腻、边缘无死角的标准。

图 2-48 维坯（1）

图2-49 维坯（2）

（2）修粗坯（粗雕）。

修粗坯就是粗雕。根据主题内容、设计构思确定图形在初步成型的砚台上的位置，也就是常说的"定位"，再凿刻出大致的图案轮廓，也即以简单的形体概括设计构思。这时的砚台称为粗坯，粗坯是作品的基础。

修粗坯的基本程序为：由表及里，由浅入深，由上到下，由近到远，由前到后，由粗到细，由实到空。修粗坯时要注意造型的整体连贯性，在考虑各种因素后凿去废料，初步形成与设计要求相符的实体图案。

图 2 - 50　修粗坯

（3）精雕。

精雕即是在粗雕的基础上针对砚体纹饰做进一步深加工，是雕刻环节中极为重要的一步。修理、铲滑、加细都是精雕的手段。在精雕的过程中逐渐调整各部分造型、纹饰，将人物、山水、花卉和鱼虫等具体形态进行艺术化处理，让作品题材鲜明、造型优美、层次分明、动静结合，以雕刻的手法凸显作品的艺术特征。

在精雕的过程中如果遇到砚石中可能匿藏的石眼、石品花纹或瑕疵，就要对设计方案进行修改，既要能避开石疵，又要符合主题和审美要求。

图 2 – 51　精雕

2.4.4.2　端砚精雕技法

端砚精雕常用技法有深雕、浅雕、细刻、线刻和透雕（镂空雕），根据不同的题材选用不同的雕刻技法。

（1）深雕。

深雕也叫高浮雕，就是把图案深刻到能表现物体的三分之一或一半左右。深雕以形体塑造为主，所以深雕后应该能表现出物体形体的转折关系，更立体地呈现形象，也即设计者的创作意图。深雕通常表现粗犷豪放的题材，体现对象的刚健有力。

图 2 - 52　高浮雕

（2）浅雕。

浅雕也叫浅浮雕。如果深雕是初步呈现物体形象，那么浅雕的功能则以装饰性为主，使表现对象更为细腻、精致。对一些古朴的题材，如传统吉祥纹样、民间故事、神话传说等，都需要通过浅雕的精细来体现对象的丰富内涵。

图 2 - 53　浅雕

（3）细刻、线刻。

细刻、线刻，通常表现温婉柔美的对象，表现体积、造型、节奏和韵律，如人或动物的眼睛，龙须龙鳞，花草叶脉，人的衣褶，动物的羽毛等，都可以通过细刻、线刻使作品流畅、生动。

（4）透雕。

透雕，也称镂空雕，是现代工匠们为了追求玲珑剔透的艺术效果而借鉴玉雕、木雕等技术手法，破除古代端砚因砚台面积和实用性的局限而推陈出新的一种雕刻技法，提升了端砚的装饰性，也是端砚艺术应时代的变更而产生的变化。

图 2-54　镂空雕

制作砚台时无论何种雕刻技法，都可以综合运用，不拘一格，最终目的都是为了更好地表现题材内容，生动地体现对象特征。

2.4.4.3　雕刻刀法

在端砚雕刻界流传一个说法，"艺术构思是天赋，精雕细刻是刀法"。这表明了雕刻刀法在端砚走向艺术精品过程中的重要性。刀法如书法，是心法在刀尖的流淌，是心灵与技巧相结合的产物。所以，成品能否展示雕刻者的艺术风采，雕刻效果能否加强作品艺术效果的丰富性，往往取决于雕刻刀法。

雕刻刀法讲究"快""准""狠"。所谓"快"，是指下刀速度，要快捷、灵敏，用刀干净利索，精练悍镣，使雕刻不留刀凿痕迹。"准"是指用刀准度，就是雕刻层次准、选用刀具准、用刀下刀准、利用花纹准、因材施刀准。"狠"是指运刀力度，要求做到力度强悍，把功力不遗余力地倾注到刀锋上，线条的粗细转折、纹饰的深入浅出、灵动的、沉稳的、拙憨的无不要求下刀要狠。

端砚雕刻除了要求工匠雕刻水平高，还要求他们具备一定的审美修养和细致缜密的工作态度，雕刻技艺也是传统端砚工艺传承的核心。

图 2 - 55　雕刻刀法

2.4.5　打磨

打磨是砚雕艺术中不可缺少的重要工序，打磨的好坏直接影响砚石的品质及其使用效果。打磨分粗磨和细磨，目的是将雕刻时产生的刀路、凿痕用油石或砂纸磨掉，让雕刻痕迹消失，令砚体嫩滑细腻，最后呈现清晰的轮廓造型和流畅柔软的线条，使作品达到更好的艺术效果。

打磨的工具有油石与砂纸。油石和砂纸的作用是一样的，都是为了让石材表面光滑细腻。油石就是我们常说的磨刀石。砂纸选用水磨砂纸，它可以湿水磨砚石。油石和砂纸一样，标号的号数越大，颗粒越细，打磨的光洁度越好。油石主要是用来打磨边缘和图案相对简单的砚台。

图 2-56　油石打磨

打磨的原则是先粗后细。先用低标号的油石或砂纸，再逐渐换成高标号的，直至砚台的各部分平整、手感细腻。

打磨的方法和步骤：第一步，选择号数适当的油石打磨。打磨时注意力度的把握，并且同时用清水冲刷，及时观察打磨的效果。第二步，用砂纸来精确打磨抛光。用砂纸打磨时先用低标号水磨砂纸湿水，用指腹轻轻压平砂纸，以圆圈状均匀打磨。这个过程中要注意用力均匀及轻压，不可心急大力打磨，随时掌握石砚光洁度的变化。

在打磨过程中，不同的部位要区别对待。每一件砚雕作品都在点、线、面和形体的构成中存在着刚柔之分，有些地方要圆滑柔润，有些地方则要棱角分明。经过反复地由粗到细的打磨工序之后，平坦、圆润的部位光亮如镜，而棱角分明的地方则自然粗犷。一些图案复杂细致的砚台还要用粗细两种金刚砂来轻轻打磨，方法是取少量金刚砂涂在图案上面，用毛刷轻轻摩擦，以磨去图案内不圆润之处，但不能破坏需要保留的棱角，所以在摩擦的过程中掌握好力度非常重要。

2.4.6　上蜡

砚台打磨完成之后，要进行上蜡处理。上蜡是为了让作品手感更好，让砚中的石品花纹更加清晰通透，使砚石材质感更加丰富。上蜡就是对砚台刷上熔化的蜡，所使用的蜡分固体蜡和液体蜡两种。固体蜡呈白色块状，一般用在小型砚石上，使用的时候需要用专用的高温热风枪加热熔化。

上蜡有两个环节：一是加热砚台，二是刷蜡。

（1）加热砚台。先用专用的高温热风枪加热砚体，以手触之，感觉发烫即可。经过雕刻后的砚台各个部位厚薄并不一致，深雕、镂空雕等雕法致使有些纹饰会出现纤细的结构，纤细的结构受到高温加热后更容易脱落。一定要避免使用高温烘烤的方法，否则砚石受热不均，容易爆裂。因此，砚台受热均匀是上蜡的关键。

（2）刷蜡。端砚上蜡使用的是蜂蜡等。刷蜡时也是用高温热风枪把蜡熔化后，快速地用棉布将蜡液擦抹在砚体上，用蜡量宜少不宜多，手法要快速，蜡液轻薄，需多层次覆盖，均匀涂抹，再清除余蜡。

上蜡既能够保护作品，又能令石品花纹呈现更佳的效果。有两种情况需要注意：一是避免蜡的堆砌，以浓淡相宜为上；二是并非所有的砚台都必须上蜡。例如，一些用浅浮雕及线刻技法的仿古砚，其纹饰细、浅、薄，线条精微，上蜡反而会模糊纹饰，减弱层次感，也容易使作品俗气，影响作品的整体效果。

图 2-57　上蜡

2.4.7　配盒

端砚砚台在制作完成后都会配置相应的砚盒。砚盒具有实用性，对砚台起到保护作用；还具有观赏性，如古代皇权贵族阶层使用紫檀木、酸枝、黄花梨等名贵木材制作砚盒，并在砚盒上雕龙刻凤，镶嵌珠宝，这除了显示身份地位的尊贵外，还能增加砚盒的观赏性。

图 2-58　老坑荷趣砚

2.4.7.1 砚盒的类型

砚盒有两种：锦盒和木盒。

锦盒由人造板材、绒布、海绵等材料制作而成，制作工艺简单，成本较低，常用于一般性的实用砚或礼品砚的包装。

图 2 - 59　锦盒（1）

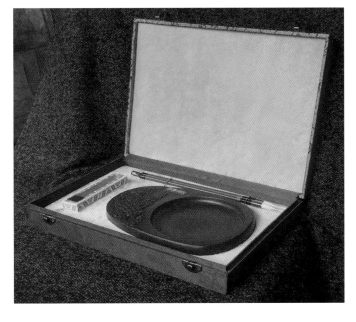

图 2 - 60　锦盒（2）

木盒，又称为工艺盒，使用高档木材，沿袭明清时期的制作工艺，为手工制作，其中蕴含了木工工艺。另外，木盒对木材要求高，不能使用瑕疵材料，如有树皮、树结、裂纹、黑斑和朽木等。

图 2 - 61　木盒

2.4.7.2　砚盒的制作工艺

　　砚盒的制作以砚、盒间隙适当，取拿方便为基本要求，太紧则影响取放，容易对砚体造成损伤；太松则砚与盒容易碰撞，也会对砚体造成损伤。砚与盒的间隙应当根据砚体体量、砚材潮湿度以及气候因素来确定。

　　木盒的制作全靠手工，主要工序有画样、凿线、挖料、铲滑、刨光、刮平和磨细等，由里往外，由下至上，由粗至细。做工精良的砚盒要求内外线条圆滑流畅，板面平整，不留凿痕，上下边口严实合缝。

　　砚盒的形制通常有：内圆外方、内方外圆、与砚同形、天地盖式及其他（如各种动植物、果实形状）。

2.5　端砚的构思与设计

俗话说"七分构思三分雕",一件优秀端砚作品不仅仅看雕工,更重要的是看设计,砚台的构思设计能反映创作者的审美修养、书画水准和文化修养等艺术造诣。端砚的构图立意、艺术手法无一不承载着工艺大师们的思想内涵。

端砚的构思与设计主要从三个方面来思考:选料、立意和造型。

2.5.1　选料

选料又叫维料,即把端砚石材里最优质的部分挑选出来用来做砚堂。这一步骤要求设计者对石材非常熟悉,对石品花纹、石质、石色、性能非常了解,甚至要能初步判断石疵在石材中的大致位置,然后才能开始构思设计的工作。

端砚设计以"变有瑕为无瑕"为原则,完美的设计是在雕刻的过程中不断修改完成的。当遇到石料不好时,可用恰当的题材加上雕刻艺术取胜。如石皮的原始色泽可以用来表现山、石、树枝;鱼脑冻特别适合做成云霞或波浪;虫蛀很像岩洞;石眼则与星、月、动物眼等形状相近。如果在维料时遇上石品花纹的变化,甚至出现不可预见的瑕疵与纹理,那么构图设计也要做出必要的改变,其处理原则也如上所述。这样,就出现了一种设计方法:因材施艺。当然,如果遇到完美的板型砚材,设计者更应该根据石材本身的特性来造型,尽量保持它的自然风韵,以天然胜雕饰。

还有一种设计方法是先构思设计再选取石材,根据设计者的意图来挑选石材,让石材为作品服务。这种方法在石料紧缺的当今还是比较难实现的。

2.5.2　立意

立意是一个抽象的思维过程,但是也有一定的轨迹可以追寻。端砚的立意与其他艺术品的立意大致相似,即确定砚石雕刻的艺术主题。立意的重要性主要从作品能不能给人以艺术美感方面体现出来，立意的高低或巧拙会不同程度地影响作品的艺术价值。

立意往往可以从两个方向考虑：一个是从传统题材中选立意，如表现人物、写意山水、祥瑞动物、如意纹饰、传说故事、宗教题材等；另一个方向是按照雕刻手段来立意，根据维料时对石品的综合考察，选取更能利用石材本身的特质表现题材美感的雕刻技法，常见的有深雕、浅雕、通雕、圆雕、镂空雕和浮雕等。无论从哪个方向进入，题材和纹饰都必须兼顾造型，做到形神兼备，意随形至。

广东省博物馆馆藏作品"宋坑石太平有象砚"的立意就是从古老传说和中国传统吉祥纹样中选取的，象耕鸟耘是古老先民生活的太平景象。陆游诗云"太平有象无人识"，使"太平有象"成为盛世的象征。这台砚，"瓶"之音与"平"之音相同，取天下太平、五谷丰登之意。

图 2-62　宋坑石太平有象砚（广东省博物馆藏）

梅花坑石"刘海戏金蟾"则以中国传统寓意纹样"刘海戏金蟾"取意。砚台中，一蓬发少年以连钱为绳，戏钓金蟾，金蟾是一只三足青蛙，古时认为得之可致富，寓意财源兴旺、幸福美好。蓬发少年刘海手拿着金钱，喜笑颜开地逗着三足金蟾，形态生动。创作者巧妙地利用梅花坑石的金钱石眼作为铜钱，构图上下呼应，中间以铜钱作连接，既有对比又不失均衡。

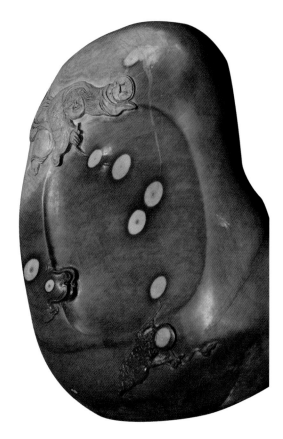

图 2-63　刘海戏金蟾（梅花坑石）

"慈母手中线"的创作者利用砚石本身的金线与冰纹构筑成网的花纹图案，构思出线的造型，在空白处运用浅浮雕的手法雕出简单又蕴含深意的女性双手与网线，展现了浓浓的母爱。

图 2 - 64 　慈母手中线（石品花纹有金线、冰纹）

2.5.3 　造型与构图

造型，就是指砚形。砚形品相分为三大类：第一类是规整造型砚，如长方形、正方形、圆形和椭圆形等，可视为上品；第二类是具象型砚，如器物、植物和动物等；第三类是随形砚，随形砚一般比较难符合人们的审美习惯，实用度也受一定影响。

砚形好的砚台就如有了生命力，像是有灵魂的艺术作品。端砚品相往往也蕴藏着它的文化内涵。如下呈现的几款广东省博物馆所藏端砚，其构图已经呈现出了它的文化取向。

图 2 – 65　太极仪象砚（清代，坑仔岩）

图 2 – 66　云龙石渠砚（宋坑）

图 2－67　端石八棱石渠砚

图 2－68　方形石渠砚（古塔岩）

图 2 – 69　居巢作画砚（古塔岩）

图 2 – 70　端石钟形砚

　　构图是指在砚台上的图案布局、位置经营。构图与主题、立意和造型等元素紧密相随，构图讲究动与静、线与面。静态的构图以图案对称的形式出现，动态的构图主要以对比的形式出现。构图的更高追求是神韵，而不仅仅是揭示内容的形式。例如，雕梅花，要体现梅花坚强的品格与孤芳自赏的态度；雕竹，要体现高风亮节之感。创作者所刻的情景图形，要达到情景交融，要让欣赏者在砚台有限的画面中，产生具体形象之外的更深刻、更丰富的联想，就是所谓的意象。

　　"荷塘月色"的创作者利用了老坑石中的石品花纹鱼脑冻、冰纹冻与巧夺天工的雕刻技艺巧妙地构思出一幅月夜的荷塘画面。构图上选用了对比的手法，使荷花与池塘形成鲜明的疏密对比，荷花、荷叶、水草，前前后后、高高低低、远远近近、在半遮半掩中露出生动的姿态。蜻蜓敏捷地游走在各处，远景的夜空中仿佛有一层淡淡的雾，又像是月色洒在荷花与池塘上；砚石中的铺脑冻和冰纹冻有如月亮在水中的倒影，波光粼粼，隐约地透着光与影之间的和谐旋律。

图 2-71　荷塘月色（老坑，石品花纹有鱼脑冻、冰纹冻、金线）

3

辨识端砚

3.1 辨识端砚的石质

石质，是指端砚石材作为一种天然物品的原始构成状态呈现出来，并可以凭借人工看、摸、听等方法直接感知的天然品质，后天雕琢、加工等外加价值不构成石质的内涵。一般地，砚料的发墨性、质地纹理（石品花纹）以及稀有程度被视为石质好坏的决定性要素。石质是决定端砚成品品质的第一考量要素，端砚的选购、欣赏、品评都要先从分辨石质开始。其辨识方法有：看坑口，坑口是砚料价值的基础；看质地，质地是价值的保障；看石品，石品是拉开价值档次的依据。那么，如何辨别端砚的石质呢？下面将详细介绍其方法。

3.1.1 摸石质

优秀的端砚石材在于能同时兼有娇嫩与坚实两种特性，石质太硬不容易下墨，太软则砚堂容易磨损。

这两种特性通常需要用手抚摸的方法去获知，即摸石质。常见的描述端砚的字眼如石质"娇嫩""细腻""滋润""致密""坚实"等，都是用手抚摸来感受的。娇嫩是指石质细腻、手感良好，摸起来滑嫩、松软，如抚幼儿肌肤，如触丝绸，如果同时还能有冰凉感则代表石头的质地比较滋润；坚实，是指端砚的摩氏硬度，一般在 2 ~ 3 级之间，比墨的硬度大，才能承受墨在砚面上的反复摩擦，长久地重复使用。

3.1.2 看石色

端砚石材的颜色种类非常丰富，有黑、紫、蓝、绿、红、朱、白、褐等多种。石色的变化受多种因素影响：第一个因素是坑口，每个坑口有比较普遍的一种或多种代表性颜色，一种色系下还有多种变化；第二个因素是年代，年代不同，古砚与新砚在颜色表现上差异较大；第三个因素是光照条件，阳光直射下的石色鲜艳、石品花纹更清晰。

石色与石品花纹直接关联，什么石色才能表现出优秀的石质，将在"常见的石品花纹"中详加介绍。

端砚的石质之"看"，除了看石色，还要看砚堂平整度、有无瑕疵、造型是否完美。在造型上避免奇形怪状，天然而不流俗、厚重而不笨拙、小巧而不小气都是"看"的要点。

3.1.3 听石声

石声是鉴别端砚的重要一环，石质的硬度与枯润会反映在石声上。如果按照科学的归纳，可分为"非金属声"与"金属声"。非金属声即木声或瓦声，也就是沉闷的石声，而金属声即铿锵的石声。好的端砚石质，娇嫩、细润者，皆为木声或瓦声，即非金属声；石质较粗、硬度较高的多为铿锵的金属声。

辨声的时候，用手指弹叩砚缘，再听其声。三大名坑砚的石声都介于木声与瓦声之间，朝天岩与沙浦坑的石质硬度最大，叩之铿锵有声；冚罗蕉岩除了极少数石质娇嫩者呈木声外，大部分是铿锵的金属声。

3.2 辨识端砚的石品花纹

在地质运动中形成的岩石，因其矿物质含量不同，形成了不同品质的端砚石材，产生了花色、纹理、硬度等不同的物理特性。这些物理特性会对端砚价值产生两个向度的影响：如果这些花色、纹理不妨碍发墨，也不影响砚材结构的稳定，甚至能增其审美效果，就称之为石品花纹，简称石品；反之，则属于石病、石疵，产生了相反的影响。

从上述可以看出，石品花纹是端砚是否具有观赏价值的决定性条件之一，是端砚身价、实用优点的标志，也是鉴别端砚种类的依据之一，所以石品花纹的重要性不言而喻。端砚石材的颜色有白、红、绿等，但

3

辨识端砚

是普遍的认知是，端砚的基本色调或说整体色调是青紫色，或称为深紫色、紫蓝色。另外，石品花纹有很多形状，如点状、线状、条状、片状、圆形、椭圆形等。对石品花纹的命名或者描述以颜色、形状为基础，并参考大自然中其他物象，加以想象、延伸，得出既生动又形象的花纹命名。

石眼、冰纹、天青、蕉叶白、鱼脑冻和青花合称端砚六大名品。石眼、冰纹以美观取胜，天青、蕉叶白、鱼脑冻和青花则以有助于发墨兼具观赏性入选，为六大名品的核心。其中，天青和鱼脑冻，一青一白，分别代表端砚的两个高端坐标，即"非青即白"，青者石谓之"髓"，白者石谓之"膏"。同一种石品花纹，因坑口或石质不同，也会呈现不同的特征。

3.2.1 六大名品花纹

3.2.1.1 石眼

石眼是黄铁矿与赤铁矿的结合体，并没有使用价值，从研墨角度来说，石眼属于瑕疵。但是，石眼又是端砚中最神奇的石品花纹，因其形如鸟兽之睛，其色呈翠绿、黄绿、米黄、黄白、粉绿等，好的石眼圆正完美、多晕圈，故又具有较高的观赏价值，如果再被巧妙雕琢、利用，砚的美感也能够被提高。因此，砚因眼而贵，有石眼的砚台仿佛有一种生气，也特别能吸引眼球，当天工与人工皆得其妙，则此砚为上品。同样材质、同样大小的砚台，有石眼与无石眼的价格可能有数倍或数十倍之差。

端砚的石眼主要由三部分组成：瞳子（睛）、球体和眼皮（墨晕）。根据石眼的形状、颜色、大小，一般将石眼分成鸲鹆（八哥）眼、鹦鹉眼、雄鸡（鸡公）眼、绿豆眼、象牙眼等近十种；根据石眼的完美度，将其分成活眼、死眼、泪眼、瞎眼等；根据石眼在砚台中的不同位置及形态，将其分成高眼、低眼、平眼、凸眼等。

石眼的形体，贵圆不贵长，颜色贵绿不贵黄。好的石眼一般偏绿色，看起来比较滋润，一般出现在三大名坑，坑仔岩的石眼非常漂亮，多为八哥眼。较差的石眼则偏黄色，色泽看起来干枯，一般出现在梅花坑、宋坑或者沙浦坑。

图 3-1　石眼（1）

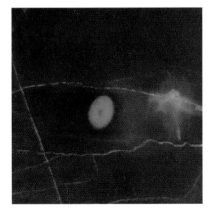

图 3-2　石眼（2）

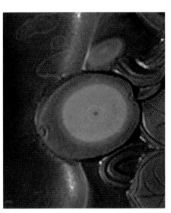

图 3-3　石眼（3）

端
砚

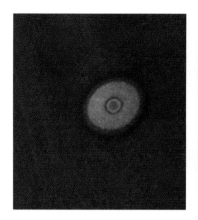 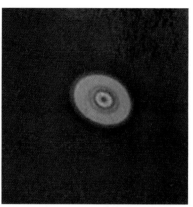

图 3 – 4　石眼（4）　　　　图 3 – 5　石眼（5）

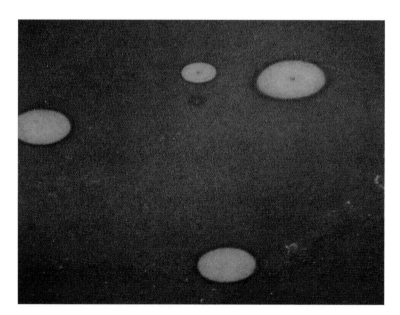

图 3 – 6　死眼①

———————

① 没有晕圈，也没有瞳子，呆滞无神。

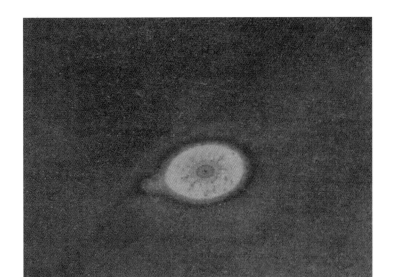

图 3 - 7　泪眼①

图 3 - 8　瞎眼②

---

①　眼的四周或下缘模糊如浸渍，似流泪。
②　没有黑睛，轮廓不明，颜色晦暗，又称"病眼"。

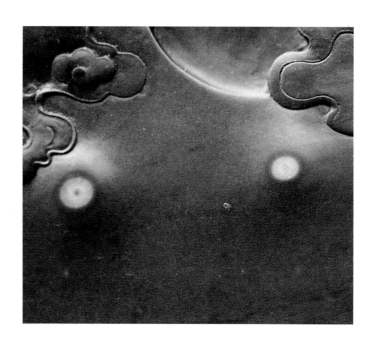

图 3 - 9　象牙眼（1）

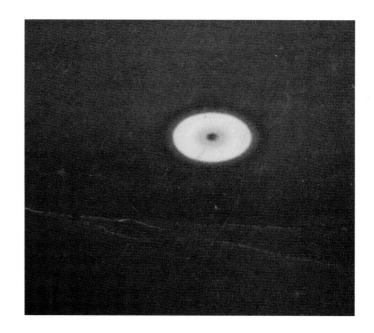

图 3 - 10　象牙眼（2）

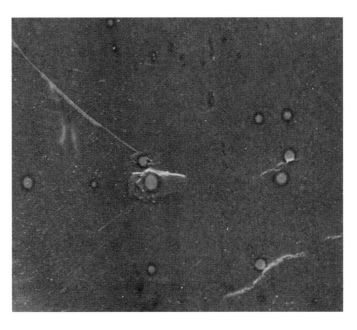

图 3 - 11　绿豆眼

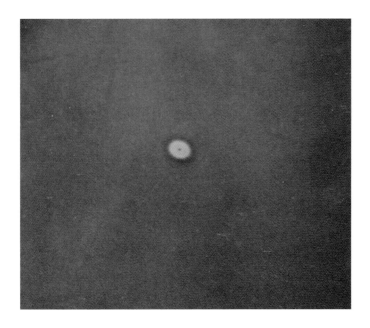

图 3 - 12　雄鸡眼

端
砚

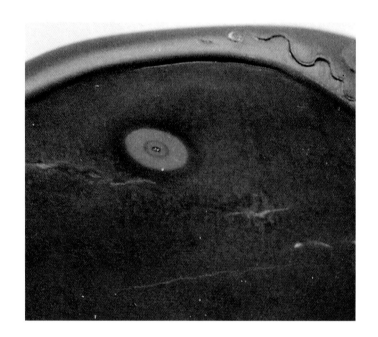

图 3 - 13　翡翠眼（1）

图 3 - 14　翡翠眼（2）

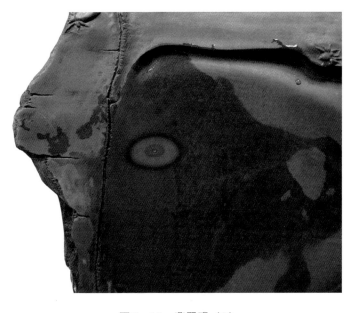

图 3 - 15　翡翠眼（3）

图 3 - 16　旭日东升

图 3 - 17　纳福迎祥（石品花纹有宝蓝、石眼、银线）

3.2.1.2　冰纹

地质运动不仅会使黄铁矿与赤铁矿聚集形成石眼，也会让砚石石体发生裂变。在张力的作用下砚石石体会产生裂隙，裂隙及其周围的水云母在热气的侵入作用下会变成绢云母，而裂隙及其周围氤氲的物质一起形成了冰纹。

冰纹常出现于老坑，看上去似线非线，似水非水，如冰块中的裂纹，又如闪电。当一组冰纹同时出现时，状如细细飞流，又似有雾气蔓延四围，使砚石平面上的画面绚丽而缤纷，形成冰纹冻，其实质是冰纹组与鱼脑冻、蕉叶白的组合，也就是一组冰纹的背后衬托有鱼脑冻或蕉叶白等矿物质。冰纹冻是端砚中名贵的石品花纹，不可多得，有冰纹冻的端砚为上上品。坑仔岩偶尔也有稀疏的冰纹，但不如老坑冰纹精彩。冰纹冻是老坑的独有品纹。老坑中的砚石又以大西洞的冰纹冻最为精彩。

图 3-18 冰纹（1）

图 3-19 冰纹（2）

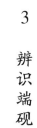

3

辨识端砚

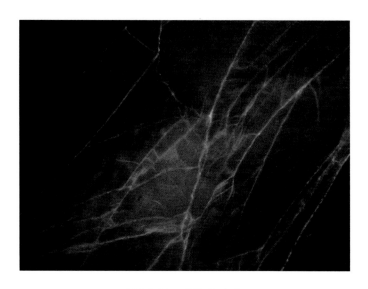

图 3 - 20　冰纹冻（1）

端
砚

图 3 - 21　冰纹冻（2）

图 3 - 22　冰纹冻（3）

图 3 - 23　喜上眉梢砚（石品花纹有天青、火捺、冰纹、青花）

3.2.1.3 天青

天青是对端砚石品花纹中比较纯净的一种色彩和质地的命名。古有云：石工名天青色。质腻而润，色纯而艳。沃水则如紫气瀜郁，颇移人情。"腻而润""纯而艳""颇移人情"把天青的色彩和质地及审美愉悦效果描述殆尽，所以能被称为"天青"的石品花纹，可以想见其色泽之纯润、质地之细腻。天青被视为最优秀的端砚石品，它在砚石中呈现蓝黑色，蓝中带黑，但又纯净通透，犹如晴天之夜空深蓝无际。

天青一般出产于老坑、麻子坑和坑仔岩。因坑口的不同，色调会有稍许的变化。老坑的天青颜色偏蓝，颜色较深，看起来通透立体；麻子坑的天青颜色偏绿，青花较少，没有老坑的通透感；坑仔岩的佳者也能达到老坑出品的效果，但是颜色一般较浅。

有天青的部位，石质细润纯净，锋芒锐利，下墨效果特别好。

天青中常有鱼脑冻出现，佳者如蓝天白云，若是老坑，偶有蚁脚青花出现。天青一般呈片状或者团状，周围伴有绯红的火捺。

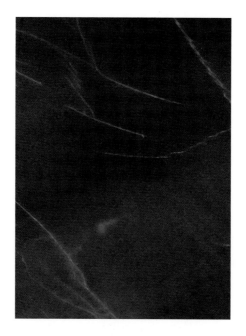

图 3-24　天青（1）（含火捺）

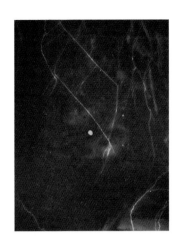

图 3 - 25　天青（2）（含翡翠、浮云冻、冰纹）

　　天青的滋润度达到一定级别后，色彩青蓝沉着的可以称为天青冻。一旦有天青冻，不是名坑，也是精品。如果出自名坑，则是极品。天青的面积越大，其价值越高。

图 3 - 26　天青（3）（含火捺、冰纹冻、浮云）

图 3 - 27　天青（4）（含浮云、马尾纹、青花、冰纹、金钱火捺）

图 3 - 28　天青（5）（含浮云、马尾纹、青花、冰纹、金钱火捺）

图3-29　天青（6）（含浮云冻、玫瑰紫、火捺）

3.2.1.4　蕉叶白

蕉叶白又称为"蕉白"，从色彩和质地上看如初展的芭蕉，细润、娇嫩，所以称为"蕉叶白"。古人对蕉叶白评价甚高，清人彭端淑的评价道出了蕉叶白的价值："蕉白之妙有三：其能蓄水一也，不拒墨一也，不损毫又一也。"所以，蕉叶白因其石质娇嫩而特别利于发墨，且效果特别好。

蕉叶白与鱼脑冻往往容易混淆，因为其特征比较接近，区别在于鱼脑冻的形状多变、色彩有层次感；蕉叶白则比较平板，边缘也比较规则。蕉叶白中常出现胭脂火捺，边缘则常有马尾纹样的火捺包围。

如果所出的坑口不同，蕉叶白的色泽也有变化，有的一片洁白，有的隐隐约约泛青或泛黄。蕉叶白贵在白嫩，干枯发黄者为下，常出现于老坑、麻子坑、坑仔岩等坑口，其他坑口偶尔也能发现蕉叶白，但是质地不如三大名坑的娇嫩。

端
砚

图 3 - 30　蕉叶白（1）（含火捺、天青、玫瑰紫）

图 3 - 31　蕉叶白（2）（含玫瑰紫、胭脂红、马尾纹、青花）

3.2.1.5 鱼脑冻

冻，石之膏也，为砚石精气凝结，如前述的冰纹冻、天青冻等。鱼脑冻一般偏白色，以干净透润为上，以枯燥发黄为下。蕉叶白与之相比，其透润者不如鱼脑冻，所以在质地上鱼脑冻为上、蕉叶白为下。

从矿物质构成上看，鱼脑冻多产于铁质水云母岩或泥质板岩中。如果岩中分布有大量的赤铁矿，会形成火捺，所以鱼脑冻周围往往伴生着火捺。鱼脑冻常见于老坑、麻子坑与坑仔岩，其他如坘罗蕉、沙浦坑偶尔也有出产，但是没有三大名坑的鱼脑冻细润和通透。

从鱼脑冻的形态上看，主要有四种：第一种，形成团状，层层晕开，如煮熟的鱼脑，称为"鱼脑冻"，为冻中上品；第二种，冻不成团而成片，外形凹凸起伏，精彩的有如晴空浮云，白中有白，有一种立体感，称为"浮云冻"；第三种，冻不成团也不成片，散碎成点，称为"碎冻"，碎冻细小如米粒般大小的，又称为"碎米冻"，但如果能分布均匀，也很难得；第四种，冻的凝结度不够，颜色较淡且层层晕开，称为"荡"，取湖水荡漾之意，比前三种略逊一筹。

图3-32 碎冻（1）（含天青、雪花）

端
砚

图 3 – 33　碎冻（2）（含天青、雪花）

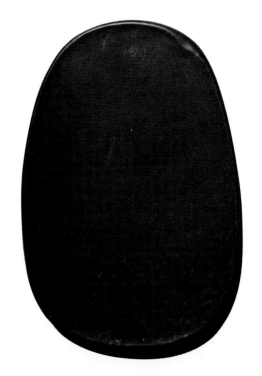

图 3 – 34　碎冻（3）（含天青、火捺、银线）

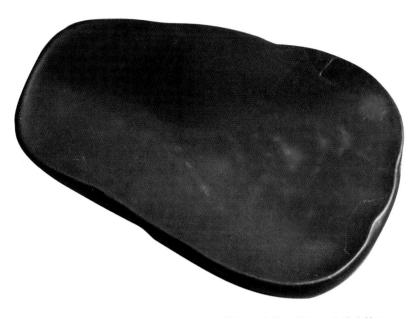

图 3 – 35　浮云冻（1）（含天青、马尾纹、青花、冰纹、金钱火捺）

图 3 – 36　浮云冻（2）（含天青、火捺、冰纹）

图 3-37 鱼脑冻（含天青、火捺）

3.2.1.6 青花

六大名品花纹中，青花最为细微，而且越小越不明显的青花越珍贵，其本质是赤铁矿微粒等矿物与地下热源接触后变质形成的细小斑点，其质地细润，色青而沉，隐隐不易见，是石之精华所在。它具有一定观赏性，也有较高的实用性（有助于发墨），往往与天青、鱼脑冻、蕉叶白三大名品共生。一般来说，如果在天青、鱼脑冻、蕉叶白中又有细微的青花点映，则是砚石之极品。

青花有大有小，有聚有散，形态品质也不一。从品质上说，欲细不欲粗，欲活不欲枯，欲沉不欲露，以"如细尘掩明镜"为上。

青花分很多种类，常见的如下：

（1）微尘青花，像洒落在砚面上的尘土，似有似无，色泽一般较浅，细微者肉眼不易见，要在阳光下将砚沉入水中，才能看得清楚。微尘青花一直被誉为青花之极品。

（2）蚁脚青花，如蚂蚁的小脚，形体细微，一般肉眼难见。

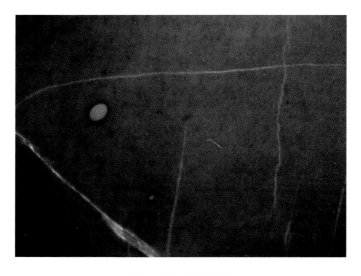

图 3 - 38　微尘青花

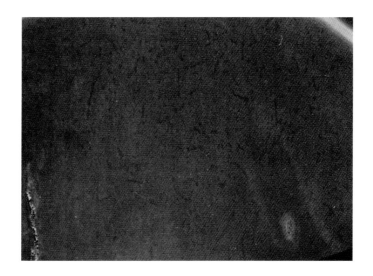

图 3 - 39　蚁脚青花

（3）鹅毛氄青花，极细小，犹如雏鹅的胎毛，在砚中呈"下垂状条纹"，极为名贵，常出现在老坑或者坑仔岩的蕉叶白中。

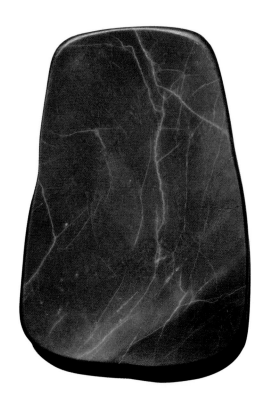

图 3 - 40　鹅毛氄青花（含天青、冰纹、火捺）

　　（4）母子青花，有大有小"像母子相随般相伴在一起"的青花，呈圆形或者椭圆形。常伴随着玫瑰紫青花或微尘青花一起出现。

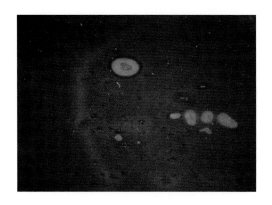

图 3 - 41　母子青花

（5）玫瑰紫青花，深紫色的斑点，呈不规则形状，有圆形、椭圆形，是端砚青花中形体最大、最明显的一种。面积较小的火捺与玫瑰紫青花的特征相似，区别在于青花沉于石里，火捺露于石表。

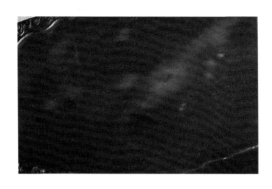

图 3 - 42　玫瑰紫青花、浮云

图 3 - 43　多种青花

3.2.2　常见的石品花纹

除了以上六大名品花纹外，端砚的花纹还有众多名目，它们有的具实用性，有的则具观赏性，有的则两者兼备。这里再介绍几种其他常见的花纹。

3.2.2.1　火捺

火捺，又称火烙，砚材中赤铁矿的含量和分布相对集中，形成环带状的晕圈，像火烙之印痕又似被烤焦的部分称为"火捺"，其颜色紫红微带黑，变化也多。当砚材硬度较高时，火捺的颜色就深，硬度高则不易雕刻，因此浅而均匀的火捺较为金贵。火捺常见的种类有胭脂火捺、马尾纹火捺、金钱火捺、猪肝冻和铁捺五种。

图 3-44　胭脂火捺（1）

端砚

图 3 – 45　胭脂火捺（2）（含浮云、天青）

图 3 – 46　马尾纹火捺（含蕉叶白、玫瑰紫）

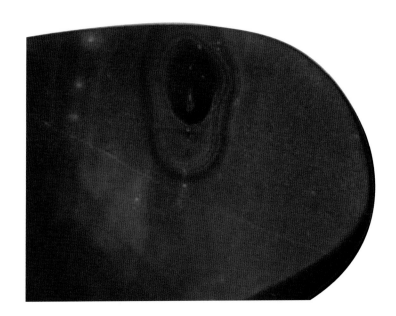

图 3 – 47　金钱火捺（1）

图 3 – 48　金钱火捺（2）（含天青、浮云冻、蕉叶白）

3.2.2.2 翡翠

翡翠与石眼的矿物成分很接近，是一些翠绿色条状、圆点和椭圆形的斑纹，这些不成形的石眼一般称为"翡翠点"或者"翡翠斑"，可点缀砚面使之生动活泼，是端砚的代表石品花纹之一。

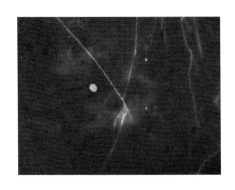

图 3-49　翡翠（1）

图 3-50　翡翠（2）（含火捺、玫瑰紫、浮云、天青）

3.2.2.3 黄龙纹

黄龙纹为一束淡黄色条状纹彩，边缘没有深色晕围绕，颜色比翡翠淡而模糊，其形状各异，如游龙者，如彩虹者，若隐若现。

图 3-51 黄龙纹

3.2.2.4 玳瑁斑、朱砂斑

玳瑁斑特产于朝天岩，朱砂斑特产于坑仔岩。玳瑁斑又称为霉苔斑、青苔斑，色、状皆若玳瑁，冚罗蕉岩偶尔也有玳瑁斑。

图 3-52 玳瑁斑

端
砚

3.2.2.5 石皮

石皮乃介乎岩石与岩石之间、常年经水渗透而产生含有氧化铁的矿物质，以土黄色为主调，色彩变化丰富，有很高的雕刻利用价值，可以呈现其剥蚀之趣味、朴拙之意味，坑仔岩的石皮最有观赏价值。

图 3 – 53　石皮（1）

图 3 – 54　石皮（2）

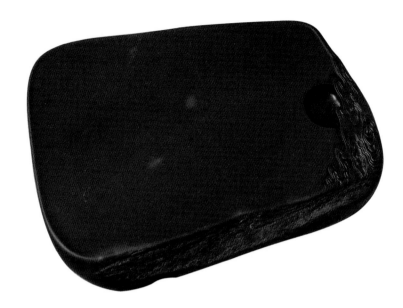

图 3 – 55　石皮（3）（含玫瑰紫、火捺、浮云）

3.2.3　端砚的石疵

疵，顾名思义，乃瑕疵、缺陷。端砚的石疵其实就是劣性的石品花纹。

3.2.3.1　裂纹

砚石上金线、银线或者冰纹线条较深造成的开口缝隙，就是裂纹。

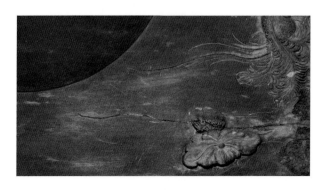

图 3 – 56　裂纹

3.2.3.2 虫蛀

虫蛀是砚石在成岩过程中造成的空隙因常年受水蚀而形成的不规则小孔,犹如木头遭虫蛀,是砚石松脆的部分。虫蛀常出现在石皮部分,若能巧加利用,则石皮和虫蛀一起形成天然的斑驳之趣,可以提升观赏性。

若虫蛀出现在砚堂,则为瑕疵。

麻子坑与宣德岩砚石多虫蛀。

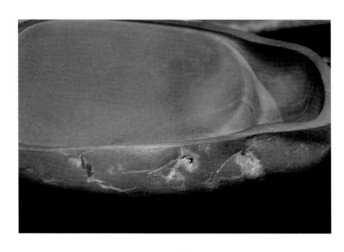

图 3-57　虫蛀(1)

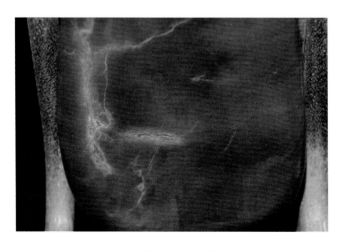

图 3-58　虫蛀(2)(含油涎光)

3

辨识端砚

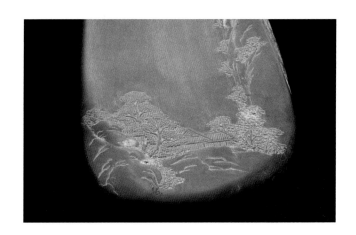

图 3-59　虫蛀（3）

3.2.3.3　铁线与金银线

铁线、金银线都是端砚中存在的一种花纹，铁线是一种古铜色的线条，浅黄色的为金线，浅白色的为银线，有直线也有曲线，但是铁线线条较粗，色调晦暗像铁锈，质地坚硬。铁线常与金线一起出现，此时，线条一般都有晕，是金线里的上品。金线的硬度如果与砚石相同，则不影响磨墨和使用；但是如果金线太粗，而且出现在砚堂，则为石疵。金银线常出现在老坑。

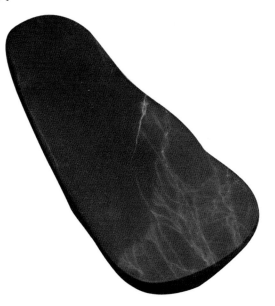

图 3-60　金银线（1）

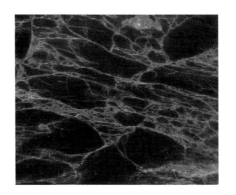

图 3 - 61   金银线（2）

图 3 - 62   金银线（3）

3

辨

识

端

砚

3.2.3.4   铁捺与油涎光

砚石上如果有像烤过的铁一样的斑纹而且呈苍黑略带紫色的深色系，一般称为"铁捺"，它在砚石中石质较为坚硬，磨墨效果不好。

铁捺往往伴有油涎光，油涎光在砚石表面呈铁灰色，可以反光，类似油光，常出现于砚石的顶板石中。有油涎光的部位，石质比较硬，下墨效果稍差。

3.2.3.5 五彩钉

五彩钉由多种色彩鲜明的矿物质构成，聚积在岩石的某部位，呈不规则状分布。五彩钉质硬，雕刻中若能巧妙设计利用，可以化腐朽为神奇。五彩钉在老坑非常常见，也成为辨识老坑的标志。

图 3 – 63　五彩钉（1）

图 3 – 64　五彩钉（2）（含天青、鱼脑冻、蕉叶白、马尾纹、金钱火捺、翡翠、冰纹）

4

石斧砚台的制作工艺及步骤

石斧砚台的制作工艺包括：维料、设计、雕刻、打磨、上蜡五个步骤。

图 4 - 1　石斧砚台

4.1　维料

如果有现成可用的端砚石材，那么制作石斧砚台的第一道工序"采石"就可以略去，直接进入维料环节。

前面我们已经详细地介绍了维料的方法，可以参照。

图 4 - 2　测量砚台尺寸

　　先在纸上画出石斧图形，剪出石斧的形状，再用笔把石斧外轮廓画在砚石上，并去除多余部分。

图 4 - 3　画石斧外轮廓

4.2　设计

图4-4　规范砚形

　　一般情况下，根据品鉴过的石料，砚工会根据砚石的天然形状初步规范该石料所适用的形状，如天然形、蛋形、方形、圆形、长方形、金钟形、兰亭式等砚形。如果再进一步进行设计的话，需要仔细研读、揣摩石料中的石品花纹，力图将天然石品花纹与后天人工设计图样巧妙融合，表达一定的审美和意境，以突出石材的意趣、满足需求者的内在美学偏好。

　　石斧砚台以古代石斧的造型为原型，由于石斧砚台形状比较规则，工艺造型简单，也不需要太过复杂的设计图样或者设计步骤，设计难度低，适宜初学者设计制作。

图 4 - 5　在初步成型的砚石上画出石斧砚砚堂、墨池的位置

视频链接

4.3　雕刻

进入正式雕刻工序后，需要使用多种工具，配以不同的手法、力度和技巧。

雕刻工艺步骤包括：①凿刻去石；②推刻平砚；③细刻出线。

根据画出的砚堂、墨池的位置进行雕刻。

4.3.1 凿刻去石

视频链接

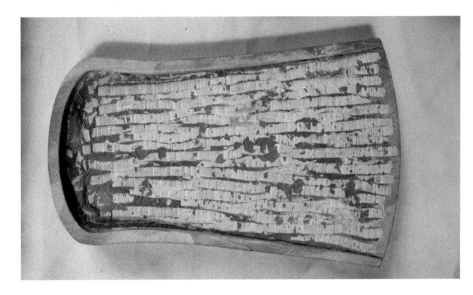

图4-6 凿刻去石

端砚

凿刻去石，这一步骤是指将研磨的墨堂和蓄墨的墨池凿刻出来，需要使用的工具有刀口较细的刻刀、木锤等。

其步骤为：①用刀锋侧面尖锐的部分，画出砚堂四周的线条；②用刻刀和木锤沿线条往里挖出多余的石肉。

其技术要点有：①木锤敲击刻刀的位置要靠近手部；②要求做到错落有序、层次分明；③墨池的水平要比墨堂低。

图 4 - 7　画出砚堂四周的线条

图 4 - 8　木锤敲击要义

图 4 - 9　挖出多余的石肉

4.3.2　推刻平砚

　　这一步骤主要处理砚堂，有两个技术要点：一是力的使用，二是刀具的选择。推刻砚堂时，要求力度要大，主要用推力，刀具要锋利；推刻砚台边沿、石斧斧刃、墨池等部位时则选用小推刀。合理用刀，可以帮助缩短雕刻时间。

　　为了控制力度和力的方向，推刻时可以使用两种常用手势加以辅助：①一手持刀，另一只手的拇指托住刀刃；②一手持刀，另一只手四指托住砚台。

图 4 - 10　经常磨刀，保持刀具锋利

推刀的常用手势一：一手持刀，另一只手的拇指托住刀刃。

图 4 - 11　使用大推刀来推砚堂，用拇指固定推刀

图 4 – 12　拇指托住刀刃（1）

图 4 – 13　拇指托住刀刃（2）

推刀的常用手势二：一手持刀，另一只手四指托住砚台。

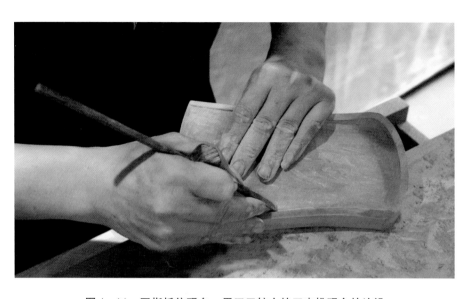

图 4-14 四指托住砚台，用刀口较小的刀来推砚台的边沿

图 4-15 拇指与中指固定刀位

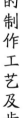

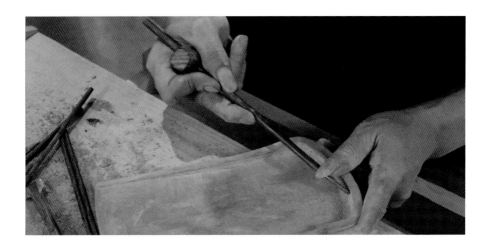

图 4 – 16　合理用刀，缩短雕刻时间

视频链接

4.3.3　细刻出线

砚堂和边沿初步成型后应细刻出线，这一步骤是细化石斧砚台的细部，即刻画边沿部分包括砚台的线条和弧度。需要选择用圆刀或尖刀，线条应该准确、细腻、生动，繁而不乱，繁简得当；运刀时要心定手稳。

图 4 – 17　细刻出线

端

砚

4.4 打磨

视频链接

图 4 - 18　初步成型

　　雕刻出来的砚台各部分已经初步成型，但表面仍然很粗糙，刀具与石面之间产生的刻痕有高有低、有深有浅，必须进行进一步的打磨处理，主要包括粗打磨和细打磨。

　　打磨的原则：由粗到细。

　　需要用到的工具包括：油石、砂纸、水。

图 4 – 19　油石（磨刀石）　　　　　　图 4 – 20　砂纸

图 4 – 21　常用油石（磨刀石）

图 4 – 22　加适量水，用油石进行打磨

图 4 – 23　打磨需要多次来回、均匀用力

4.4.1　粗打磨

　　用油石磨去明显的刀路。可以沿着砚石边沿粗磨，也可以顺着砚堂粗磨，将砚石表面的雕刻痕迹磨平。

图 4 - 24　粗打磨

4.4.2　细打磨

　　粗打磨可以磨去刀痕留下的坑洼不平，起到所有平面初步平整的作用；细打磨则提出更高要求，即所有石面的触感要细腻、光滑。需要使用滑石或 1 000 号以上的细砂纸。

图 4 - 25　细打磨

4.5 上蜡

视频链接

上蜡的作用、步骤和技术要点在前面已经详述，此处仅介绍石斧砚台制作的上蜡步骤。

4.5.1 熔化蜂蜡

用热风枪熔化蜂蜡，关键要点：注意控制温度，避免砚台温度过高而开裂。

图 4 - 26　用热风枪熔化蜂蜡

4.5.2 涂抹蜂蜡

用棕刷或棉纱布蘸少量蜂蜡涂抹在砚台的表面，应少量薄涂。

端
砚

图 4 – 27　加热砚台

图 4 – 28　涂抹蜂蜡

涂抹过程中，应快速用棕刷或棉纱布将熔化的腊液擦抹在砚台上，直到整个砚台被腊液覆盖为止。

砚台上蜡不宜堆砌，浓淡相宜即可，尽量使砚台作品色泽深沉明快，能表现砚台的美感为宜。涂蜡完毕，最后用干净的棉纱布把砚台上的余蜡拭擦干净即可。

图 4 - 29　清除余蜡

端
砚

图 4 - 30　上蜡完毕

5

端砚欣赏

5.1 广东省博物馆藏品

端砚除了具备非常好的实用性，还有较高的欣赏价值。下面以广东省博物馆藏品为例，欣赏产自各优质坑的、巧夺天工的、设计与制作精妙的优秀端砚作品。

老坑石。古人评价老坑石有"八德"：历寒不冰，质之温也；贮水不耗，质之润也；研磨无泡，质之柔也；发墨无声，质之嫩也；停墨浮艳，质之细也；护毫加秀，质之腻也；起墨不滞，质之洁也；经久不乏，质之美也。

图 5-1 老坑石桐叶砚

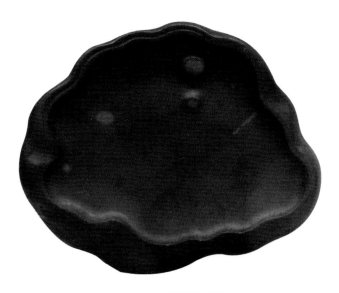

图 5 - 2　老坑石飞云砚

图 5 - 3　老坑石田鼠棉豆砚

坑仔岩石。石质优良，幼嫩、纹理细腻、坚实且滋润，石色青紫稍带赤。坑仔岩云纹砚，云纹是端砚的常见传统纹样，代表着"气韵生动"，墨池形状与云纹一致，装饰与实用完美结合。

图5-4　坑仔岩云纹砚

图5-5　坑仔岩　端石葫芦砚

宣德岩石。石质幼嫩，色如猪肝，一片红润。宣德岩开采于明代宣德年间，石色以猪肝色为基调，略带紫蓝、苍灰，石质细腻幼嫩，仅次于坑仔岩和麻子坑石。

图 5 – 6　宣德岩灯笼池砚

梅花坑石。砚面石眼较多，色青黄，眼中有点，具有梅花坑石的特点。梅花坑石石质略粗糙，下墨较快。梅花坑始采于宋代，原指羚羊峡以东的沙浦镇典水村附近，古人称为"典水梅花坑"，后来的梅花坑砚石多在北岭的九龙坑开采。梅花坑石色苍灰微带青黄，石质相对粗糙，多石眼。

5

端砚欣赏

125

端

砚

图 5-7　梅花坑云蝠砚

　　绿端石。绿端采石始于北宋，最早在北岭山附近开采，后转移至端溪一带朝天岩开采，砚坑上层为绿端，下层为朝天岩。绿端石色青绿带黄，翠绿色为最佳，在端溪诸坑中别具特色。除端州之外，我国其他地区亦出产绿石砚，如吉林松花石砚、甘肃洮河石砚。

图5-8 绿端云海旭日砚

麻子坑石。传说乾隆年间高要县有一位名叫陈麻子的匠人发现了此坑，并冒险开采，所以将此坑洞命名为"麻子坑"。

图5-9 麻子坑天蝠云龙砚

白线岩石。石质温润，色黄，不晕化。白线岩竹节砚，竹子纹样代表着文人的高风亮节，民间也作竹报平安、步步高升之意。

图 5 - 10　白线岩竹节砚

5.2　莫裕雄作品欣赏

5.2.1　莫裕雄简介

　　莫裕雄，1974 年出生，广东省肇庆市高要区人，高级工艺美术师，端砚雕刻大师，肇庆市工艺美术行业协会会员，肇庆市端州区读砚楼工艺经营部厂长兼艺术总监。作品刀法考究，雕工精细，创作艺术手法多样，制砚构思独特，技艺精湛，实现了艺术意境和表现手法的统一；作品充满灵气和丰富的艺术情感，有较强的艺术感染力和张力，给人赏心悦目、心旷神怡的艺术美感。

图 5 - 11　端砚大师莫裕雄

　　代表作品有"羲之戏鹅砚""双龙望月砚""百鸟朝凤砚""星月耀中华砚""宇宙琴弦砚"等。其设计制作的作品曾多次在国家、省、市举办的工艺美术精品大赛和展评中获得殊荣，受到了业界和行业的好评。

图 5 - 12　莫裕雄给学生讲解

　　其中"羲之戏鹅砚""星月耀中华砚"获得中国（深圳）国际文化产业博览会"中国工艺美术创意奖"金奖；"鸟鸣奥韵砚"获得中国（深圳）国际文化产业博览会"中国工艺美术创意奖"银奖；"福寿砚"获得中国（深圳）国际文化产业博览会"中国工艺美术创意奖"铜奖；"虎溪三笑砚"获得广州工艺美术行业高技能人才创作成果奖金奖；"金鼠招财砚"获得广州工艺美术行业高技能人才创作成果奖银奖；"福寿砚"获得广州工艺美术行业高技能人才创作成果奖铜奖。

　　莫裕雄同时也是广州市轻工技师学院的客座教授，他对学生悉心教导，匠心传承给下一代，为岭南工艺传承做出了杰出的贡献。

5.2.2 莫裕雄作品欣赏

图5-13 荷花砚（麻子坑，石品花纹有石眼、天青、青花、石皮，石质纯净、细腻、滋润）

图 5 - 14　虎溪三笑（麻子坑）

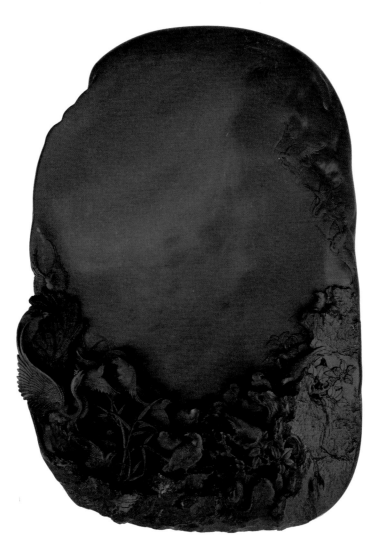

图 5 – 15　百鸟朝凤（坑仔岩）

图 5 - 16 寿桃（老坑砚，石品花纹有金线、天青冻、青花、胭脂红，石质纯净、幼嫩、细腻、滋润）

图 5 – 17　石斧砚

端
硯

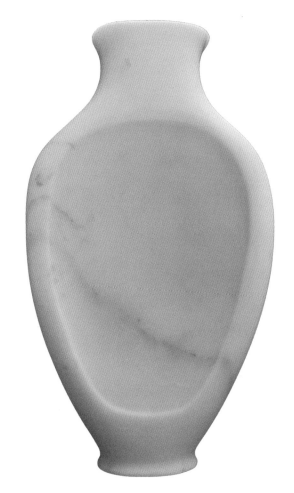

图 5 – 18　宝瓶砚（白端，石品洁白纯净、滋润、细腻）

136

图 5 – 19　荷塘月色（老坑，石品花纹有鱼脑冻、冰纹冻、金线）

端
砚

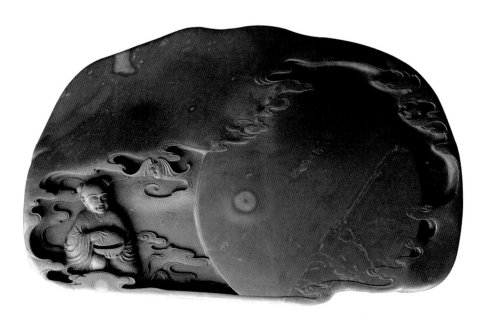

图 5 – 20　福星高照（坑仔岩，石品花纹有翡翠、石眼、玫瑰紫、火捺）

图 5 - 21　祝福（老坑石）

图 5 - 22　一路莲科（石品花纹有翡翠、翡翠眼）

图 5 - 23　乘风破浪会有时

端
砚

图 5-24 福寿（坑仔岩，石品花纹有天青、石眼、玫瑰紫、黄龙）

图 5 - 25　鱼跃龙门（坑仔岩，石品花纹有石眼、翡翠、胭脂红）

参考文献

［1］吴鸿祥．端砚的鉴赏与收藏［J］.艺术市场，2004（8）.

［2］刘演良．端砚的鉴别与欣赏［M］.武汉：湖北美术出版社，2003.

［3］王建华．端砚［M］.广州：广东教育出版社，2010.

［4］王安平．肇庆端砚［M］.广州：岭南美术出版社，2010.

［5］陈羽．端砚民族考［M］.北京：文物出版社，2010.

［6］刘演良．端溪砚三大名坑概述［J］.收藏，2010（9）.

［7］方晓阳．浅议端砚的形制与风格［J］.艺术中国，2014（6）.

［8］陈海宏，文浩，骆礼刚．浅谈端砚石品花纹的分类及鉴赏［J］.文物鉴定与鉴赏，2017（6）.

［9］花仕旺，任宏霞．论端砚制作技艺［J］.艺术研究，2017（2）.

［10］曾特．端溪 端砚考——关于《辞源》"端砚"注释考证［J］.广东社会科学，1989（3）.

［11］王玉兰．端砚与我馆的几方藏品［J］.南方文物，1986（2）.

［12］卢友任，陈志强，喻享祥等．端砚的宝石学特征及其纺织品鉴别［J］.桂林理工大学学报，2011（2）.

［13］计世光．中国端砚制作技艺调查研究［D/OL］.重庆：重庆师范大学，2014.

［14］刘演良，卫绍泉．文质互彰 赏用相悦——关于端砚美的欣赏要旨浅论［J］.文艺生活（艺术中国），2013（12）.

MPR 出版物链码使用说明

本书中凡文字下方带有链码图标"＝＝＝"的地方，均可通过"泛媒关联"App 的扫码功能或"泛媒阅读"App 的"扫一扫"功能，获得对应的多媒体内容。

您可以通过扫描下方的二维码下载"泛媒关联"App、"泛媒阅读"App。

"泛媒关联"App 链码扫描操作步骤：

1. 打开"泛媒关联"App；
2. 将扫码框对准书中的链码扫描，即可播放多媒体内容。

"泛媒阅读"App 链码扫描操作步骤：

1. 打开"泛媒阅读"App；
2. 打开"扫一扫"功能；
3. 扫描书中的链码，即可播放多媒体内容。

扫码体验：